· 逻辑推理 ·

大侦探马洛克

〔韩〕柳顺姬 / 著 〔韩〕李明爱 / 绘 江凡 / 译

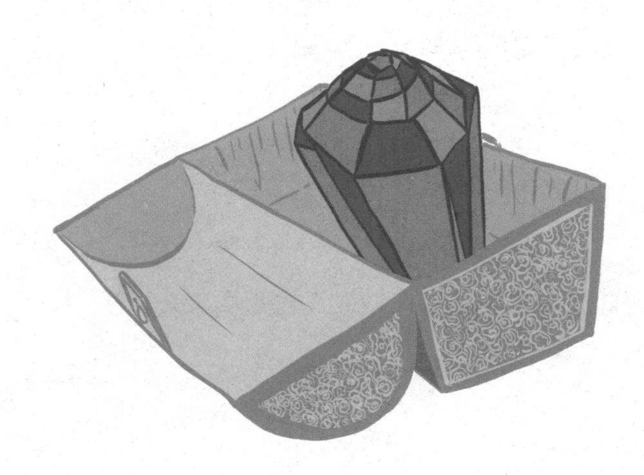

云南出版集团 晨光出版社

这是一家国际博物馆的展厅，陈列着来自世界各地的收藏品。

这里有欧洲的艺术品、美洲的木雕、亚洲的佛塔和佛像模型，还有非洲的仙人掌和北极的花。

可有一天，原本放在这里的魔法宝石突然消失不见了。

究竟是谁偷走了它，现在又在什么地方呢？

亚洲

非洲

仔细观察，这5个地区的
展品是按一定的规律陈列的。

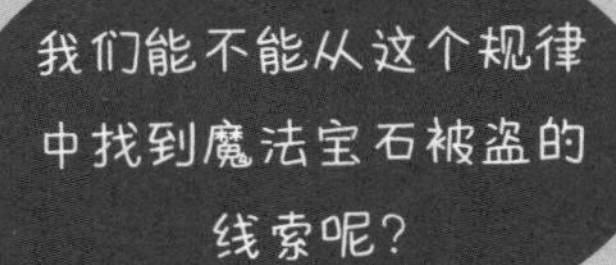

北极

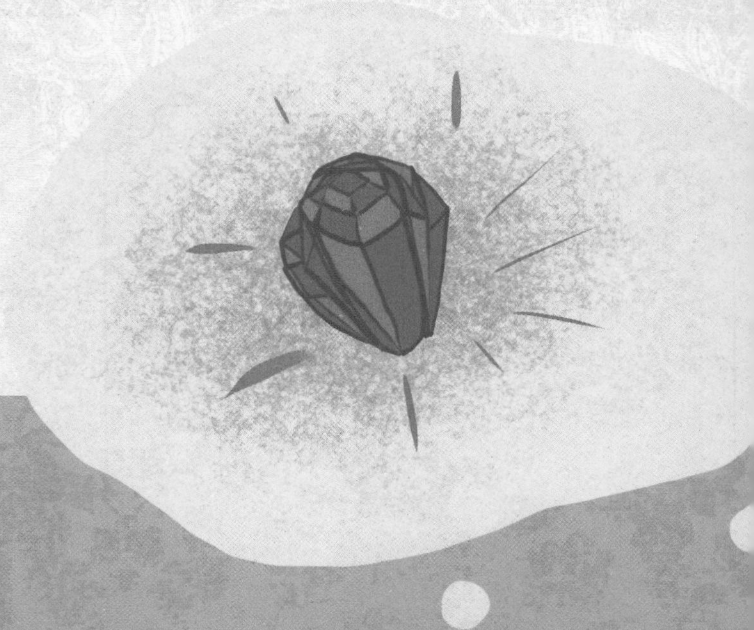

“魔法宝石不见了！”

“天哪，如此珍贵的宝石居然不见了！”

“是啊，那颗宝石还能发出红色的光呢，怎么会不见了呢……”

托马斯爷爷放在世界珍品展厅的魔法宝石突然间消失不见了。

游客们大吃一惊，围在空的宝石盒前议论纷纷。

据说，这个魔法宝石具有某种神秘的力量，甚至可以改变人心。

大侦探马洛克也来到了展厅。他注意到：虽然任何人都可以轻而易举地进入展厅，但出去的时候，所有人都必须经过严格的检查。

安保措施如此严密，可宝石还是悄无声息地消失了。

“事情一定不简单。”马洛克心想。

就在这时，托马斯爷爷看到了马洛克，走上前来紧紧握着他的手，焦急地说：“马洛克，你可来了！你一定要帮我们抓住偷宝石的贼啊！”

“您别急，托马斯爷爷。游客们都去哪儿了？”

拄拐杖的绅士

蔬菜店老板

卷毛男士

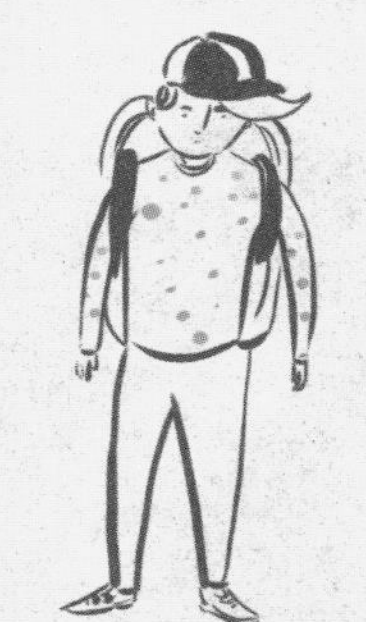
背双肩包的男士

肉店老板

长雀斑的少年

修锁工

戴围巾的男士

长头发小姐

中年妇女

“都集中在那个房间里，我想犯人肯定就在他们当中。这是我们整理的嫌疑人*画像，一共有8名男士和2名女士。”

说着，托马斯爷爷给了马洛克一组人物肖像。

* 嫌疑人：虽然没有确凿的犯罪证据，但已被列入调查范围的可疑对象。

10-2
=8

警官海利大叔也闻讯赶来。他仔细地检查了一遍所有犯罪嫌疑人的随身物品，但是并没有发现宝石。

海利大叔询问第一个发现宝石被盗的清洁工阿姨，得到了这样的目击证言：“我打扫到一半的时候发现宝石不见了，当时 1 个个头比我高的男人，慌慌张张地从展厅跑出去了。”

“1 个男人？那这么说，这 10 个人当中的 2 名女士就肯定不是罪犯了。”

马洛克把长头发小姐和中年妇女排除在嫌疑人之外。

“阿姨，您刚才说那个男人比您高是吧？”

海利大叔让剩下的 8 个嫌疑人都跟阿姨比一下身高。

“我不是贼，我才没有偷宝石！”

首先是戴围巾的男士，他比清洁工阿姨矮了半头。

长雀斑的少年也没有清洁工阿姨高。

下面轮到卷毛男士了，他的个子比清洁工阿姨高。

剩下几个人的身高都比清洁工阿姨高。

经过这一轮筛查，戴围巾的男士和长雀斑的少年被排除了嫌疑。

8 名中再排除 2 名，现在嫌疑人已经减少到 6 名了。

初步筛查完对象后，马洛克来到原来陈列宝石的地方。

只见他拿着放大镜，仔细地察看地毯，“你们看，这里留下了犯罪嫌疑人的脚印！”

海利大叔一听，也赶紧掏出了放大镜。

“海利大叔，请您让剩下的 6 个嫌疑人过来比对一下脚印。谁的脚和这个脚印一样大，他就很可能是我们要找的小偷！”

6 个犯罪嫌疑人按顺序一一比对了脚印。

结果6名男士中有3人的脚印跟地毯上留下的脚印大小一致。

被排除嫌疑的3名男士终于松了一口气。

现在还剩下3名犯罪嫌疑人，他们分别是蔬菜店老板、肉店老板和修锁工。

美洲
亚洲
非洲
欧

北极

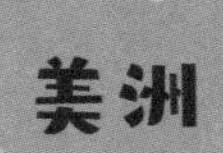

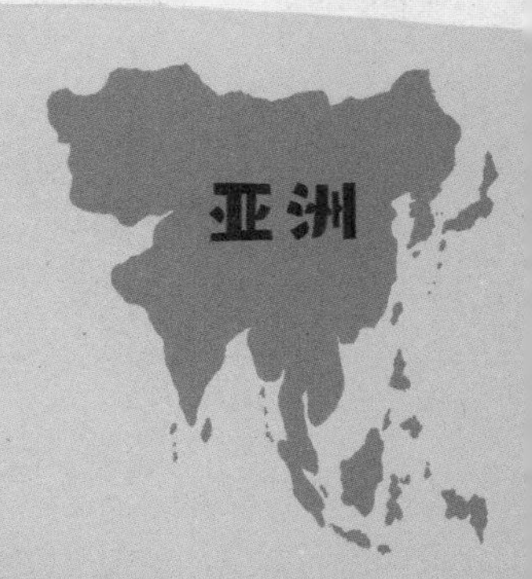

“托马斯爷爷，这里的展品是按照什么顺序陈列的呢？”马洛克像是突然想起什么，问托马斯爷爷。

“展品是按照欧洲、美洲、亚洲、非洲和北极的顺序循环陈列的。”

马洛克略有沉思，按顺序仔细察看了这些收藏品。

这时，一个非洲的收藏品引起了马洛克的注意，“啊，这不是用北极熊皮做的皮夹吗？它为什么会被放在非洲的收藏品展台上呢？”

“海利大叔，您把这 3 个犯罪嫌疑人都放走吧。”马洛克微笑着说。

“什么？还没确定犯人，就把他们放走？”海利大叔一脸吃惊。

马洛克胸有成竹地跟海利大叔说：“您放心，明天犯人会自己回到这里的。”

“你确定？那好吧……”

第二天，拍卖* 开始了。大家都在忙着买自己心仪的收藏品。

拍卖持续了很长时间，终于，主持人大声说：“大家注意啦，现在只剩下最后一件了。谁想要这个北极熊皮夹？”

主持人的话音未落，一个年轻人就迫不及待地举起手来。

主持人环视了一圈台下的人，问道：“还有其他人要吗？如果没有的话，这个北极熊皮夹就是这个年轻人的了。”

---

* 拍卖：卖家把想买物品的许多人聚在一起，将物品卖给出价最高的那个人。

正当年轻人把北极熊皮夹拿在手里时，马洛克突然大喊了一声："海利大叔，这个人就是小偷！"

"什么？！"

大家这才注意到，这个年轻人正是最后3名犯罪嫌疑人中的那个修锁工。

只见修锁工从北极熊皮夹里掏出宝石，撒腿就跑。

海利大叔急忙跟在后面追，但还是让他逃走了。

“马洛克，你是怎么知道今天犯人会回来的？”托马斯爷爷问马洛克。

“昨天我在展厅里察看的时候，发现非洲收藏品的陈列台上竟然有北极熊皮夹，这引起了我的怀疑……”马洛克冷静地说道。

欧洲

美洲

马洛克进一步解释道：“修锁工偷偷拿走了宝石，本来打算把偷来的宝石放进北极熊皮夹里带出去。结果看到门口保安严格检查游客随身携带的物品，皮夹带不出去，他在慌乱之中就把它放在了展台上。但他犯了个明显的错误。”

“什么错误？”海利大叔问。

“他把皮夹放在了非洲展台上，但北极熊是生活在北极的动物，皮夹理应放在北极展台上，这样做明显不符合逻辑。就是这一点引起了我的怀疑。”

“大侦探马洛克，果然名不虚传啊！这么说，你昨天就知道宝石藏在北极熊皮夹里了？”

“是的！可是如果我们把宝石取出来的话，今天就抓不到小偷了。所以，我就想等到今天，可惜……”

没有抓到罪犯，马洛克难免有些沮丧。

“你已经做得很好啦，至少我们知道了小偷是谁。”托马斯爷爷抚摸着马洛克的头说道。

“爷爷，那颗宝石真的有魔力吗？”

“其实，宝石一直都锁在保险箱里，我也不清楚它到底有没有魔力。”

没想到几天后，海利大叔打来了电话，请托马斯爷爷和马洛克到警察局去一趟，原来是年轻的修锁工带着宝石投案自首了。

“一碰到宝石，我就像投进了妈妈的怀抱一样觉得很温暖。可我心里充满了罪恶感，这让我很煎熬。”

“什么，宝石能让人感到温暖？”

马洛克试着摸了一下宝石。

果不其然，闪着红光的宝石就像有生命一样，散发出温暖的气息。

“哇！这真是一块魔法宝石啊，可以融化人心，让人善良如初，太神奇了！”

EGE
EGEL
TABLO
HOMI
QEEN
TANYO
BENIN
MICHINSSO
chean
ESEO
NIGE
UTOM
MUNI
SOONJA
QUEST
COMES
WONJUN
COOH
ohio
Engi
wind

让我们跟海利大叔一起回顾一下前面的故事吧！

大侦探马洛克果真名不虚传，他用自己的逻辑推理能力找回了被盗的魔法宝石。解决问题的时候，我们可以使用各种不同的方法。我和马洛克先是测量了犯罪嫌疑人的身高；接着比对了犯罪嫌疑人的脚印；马洛克还列了好几道算式，逐步缩小了犯罪嫌疑人的范围。马洛克在找决定性线索北极熊皮夹的时候，还用到了有关逻辑的知识。

下面，让我们详细地了解一下各种各样的解题方法吧。

数学面对面

数学概念

了解解题方法

在日常生活中，我们免不了会遇到一些需要解决的问题，那么该怎样去解决这些问题呢？现在，我们就来了解一下各种解决问题的方法吧。

树枝上有 8 只麻雀，飞走了 2 只，又飞来了 4 只。现在树枝上一共有多少只麻雀呢？

根据题目列出算式，再复杂的问题，也能轻松解决。

首先，我们可以列算式解决这个问题。

原有的麻雀 − 飞走的麻雀 + 飞来的麻雀 = 现在的麻雀

$8 - 2 + 4 = 10$（只）

再看看画图解决的方法。

先用●表示刚开始树枝上的麻雀，用×划掉飞走的麻雀，然后再用●表示飞来的麻雀。

数数剩下的圆点数量，就可以知道现在树上有多少只麻雀了。

我们再看一个例子。公交车上有 10 名乘客，到站后又上来几名乘客，现在人数增加到 13 人。那么，在那个车站上车的有几名乘客呢？

我们可以用□代表未知数，然后列出算式，就能很容易地解决问题了。

下面再来看一个曲奇饼干的例子。这里有 42 块曲奇饼干，平均分给小朋友们，每个小朋友分 7 块刚好可以分完。那么一共分给了几个小朋友？

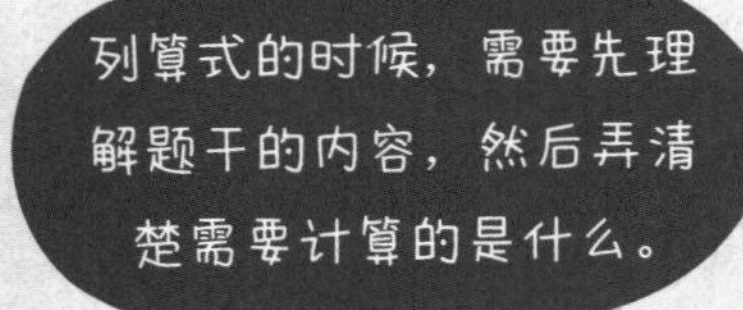

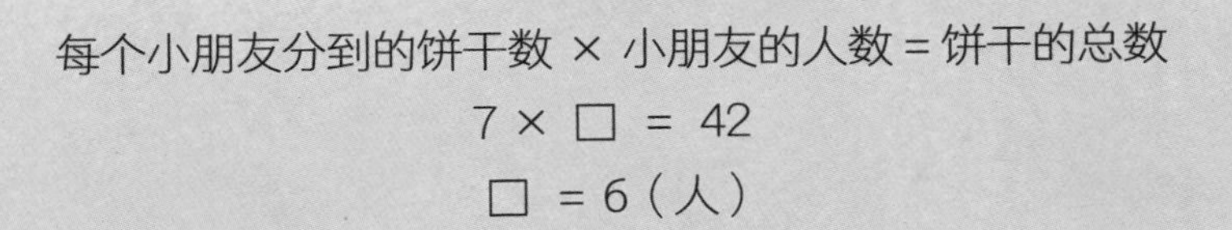

下面这幅图标出了从家到学校的路线，一共有几条路呢？

像这样的问题，列算式和画图都不好解决，我们可以用画线的方法来解决，比如试着用不同颜色的笔分别画出到学校的路。

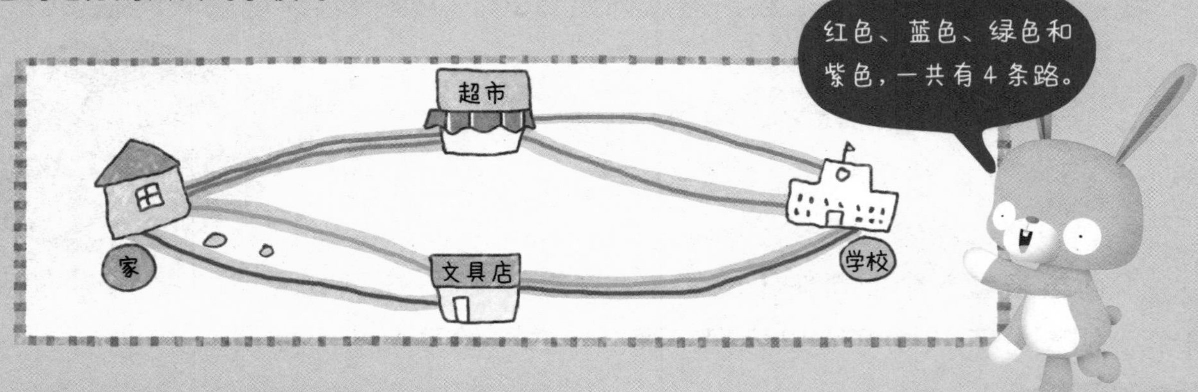

我们还可以用寻找规律的方法来解决问题。

上图中，苹果、梨和柠檬按规律交替摆放。苹果和柠檬之间梨的个数分别是1个，2个，3个……每循环一次，就多加1个梨。

按照这样的规律，接下来出现的图案应该是🍐🍐🍐🍋，因此，第18个图案是🍋。

碰到“最开始有几个”这种问题的时候，我们可以反向思考，用倒推的方法解决。

马洛克分给朋友 9 块糖，又从妈妈那里得到 2 块糖，现在一共有 11 块糖。那么他最开始有多少块糖？

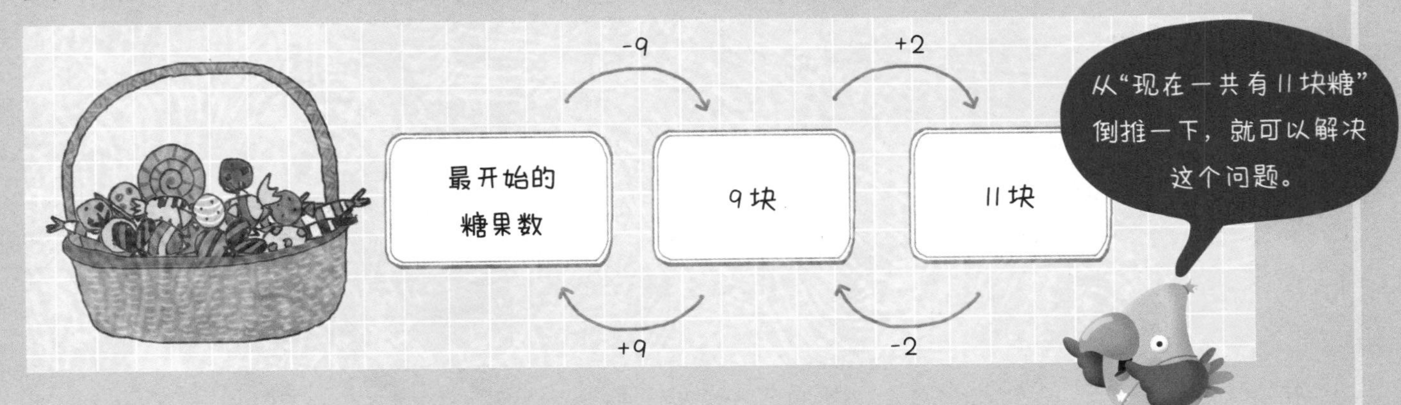

倒推一下，在从妈妈那里得到 2 块糖之前，马洛克手里应该有 9 块糖。因此，在分给朋友 9 块糖之前，他应该有 18 块糖。

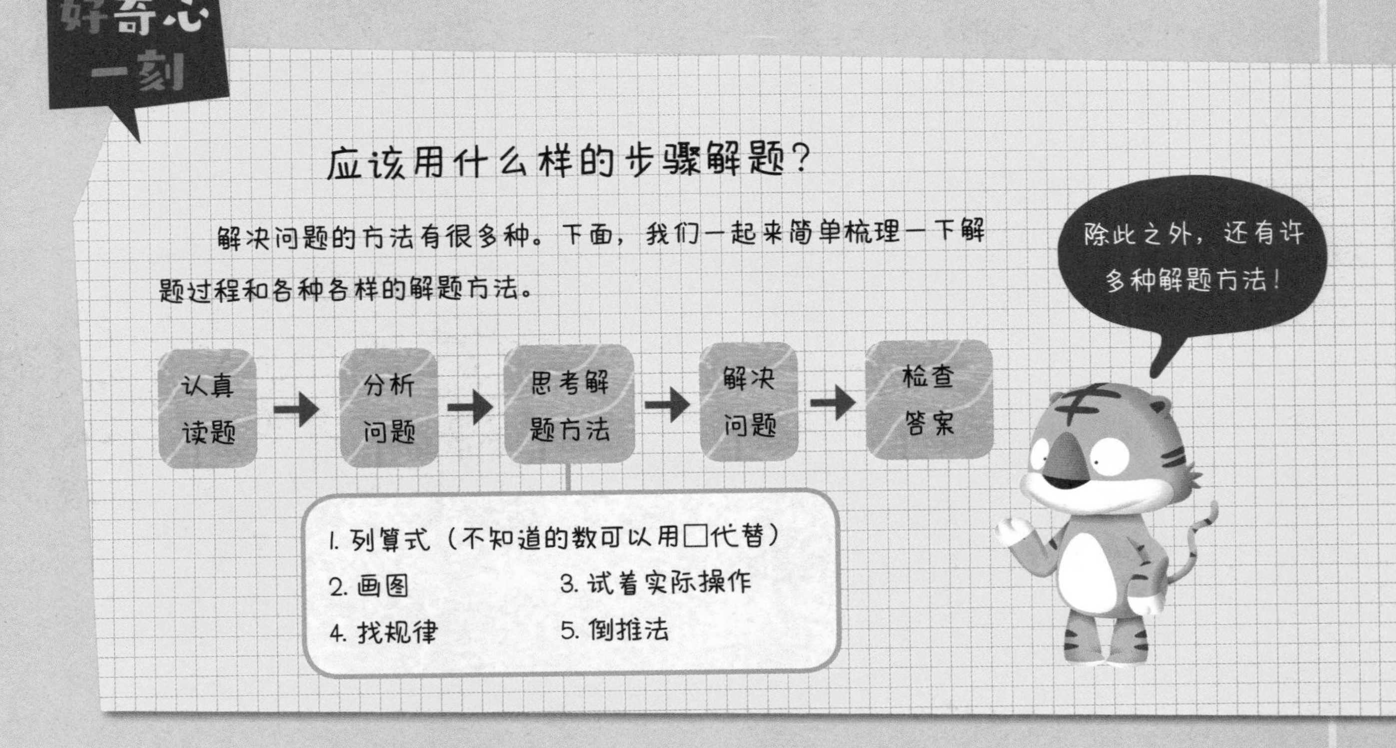

生活中的“解题方法”

有句话叫“办法总比问题多”，遇到一些难题时，如果我们用适合的方法去解决，难题也就变得迎刃而解了。现在，我们一起看看生活中会用到什么样的“解题方法”。

大家来讨论

学习生活中，我们常遇到大家意见不统一的时候，为此我们需要比较每个人的意见，从而找出最好的解决办法。这时就需要讨论。讨论就是针对某个问题，听完所有人的意见之后，选出一个最适合的解决办法。讨论的时候，我们要认真倾听其他人的意见，就算跟自己的意见不一致，也要尊重他人表达自己意见的权利。

少数服从多数

在生活中，我们解决问题的时候常采取少数服从多数的原则。少数服从多数原则是指做决定的时候，选择大多数人赞成的那个意见。比起少数人的判断，遵从多数人的意见某种程度上会降低做错决定的可能性。但是，这并非意味着就可以忽略少数人的意见。我们应该认真听取他人的意见，多站在对方的立场上进行换位思考。因为，大多数人的意见也不一定总是正确的。

科学

阳光对植物的影响

俗话说：万物生长靠太阳。阳光是植物生长必不可少的条件。如果植物得不到阳光照射会怎么样呢？我们通过一个简单的实验就能知道。很多科学问题的解决都需要通过实验来验证。在实验开始之前我们可以先预测一下结果，然后再跟实际的实验结果进行对比。我们先在两个花盆里分别种上豆角，一盆放在阳光充足的地方，另一盆放在黑箱子里或者阳光照射不到的地方。在其他生长条件，比如浇水、施肥都相同的情况下，过一段时间再来观察两个花盆里豆角的长势，就可以得出答案了。

▲ 阳光照射下长势很好的豆角

文学

曹冲称象

古时候有个大官叫曹操，有一天别人送给他一头大象，他想知道这头象究竟有多重。可大象这么大，怎么称呢？有的人说，砍一棵大树做一杆大秤。可是就算做出了这么大的秤，谁又有力气提起来呢？也有的人说，只能把大象宰了，一块一块地称。曹操听了直摇头。

曹操的儿子曹冲才 7 岁，站出来说：“我想到了一个好方法。把大象赶到一艘大船上，在水面没过船身的地方做记号，再把大象赶上岸，往船上装石头，装到船下沉到画记号的地方。然后称一称船上石头的重量就知道大象有多重了。”曹操听了很高兴，马上照这个方法做了，果然称出了大象的重量。

趣味小游戏1 抓住小偷了

警察叔叔抓到了一个小偷。这个小偷每天都会按规律穿衣服和戴帽子。根据下面的提示，画出小偷在被抓住的当天所穿的衣服和所戴的帽子，并涂上颜色。

戴帽子的规律

1月	2月	3月	4月	5月	6月
红色	粉色	黄色	绿色	红色	粉色
7月	8月	9月	10月	11月	12月
黄色	绿色	红色	粉色	黄色	绿色

穿衬衫的规律

第一周	第二周	第三周	第四周	第五周
花	星星	桃心	圆点	三角形

裤子颜色的规律

日	一	二	三	四	五	六
黄色	紫色	蓝色	黄色	紫色	蓝色	黄色

拼图游戏

这是一幅根据展厅陈列的建筑模型做成的拼图。请沿黑色实线把下方的三片拼图剪下来，找到合适的位置粘贴上去，以完成整个拼图。

排除嫌疑对象

为了排查嫌疑对象，马洛克出了几道题。先观察图片，然后沿着梯子走下去，选出正确的算式并圈出来。

侦破盗窃案

村子里发生了一起盗窃案，大侦探马洛克和警察正在调查犯罪嫌疑人。读完马洛克和警察的对话，沿黑色实线剪下最下方的嫌疑人图片并贴在方框里。

把3个犯罪嫌疑人排成一排，一共有几种排列法？

共有6种。只要换一下3个犯罪嫌疑人的顺序就可以算出来了。

犯罪嫌疑人

厨师

面包店伙计

珠宝商

	粘贴处 粘贴处 粘贴处
粘贴处 粘贴处 粘贴处	粘贴处 粘贴处 粘贴处
粘贴处 粘贴处 粘贴处	粘贴处 粘贴处 粘贴处

寻找犯罪线索

发生盗窃案，找到线索很关键。请按照纸上的提示在地图中寻找线索，在格子里画上相应的形状，最后将线索圈出来。

从池塘向右走 2 格，有一个桃心形状的石头；

然后向右走 4 格，再向下走 1 格，有一个星星形状的石头；

再向左走 4 格，再向下走 2 格，有一个花朵形状的石头；

然后再向左走 2 格，再向上走 2 格，有一个月亮形状的石头；

最后向右走 4 格，再向下走 1 格，就可以找到抓住犯人的线索了。

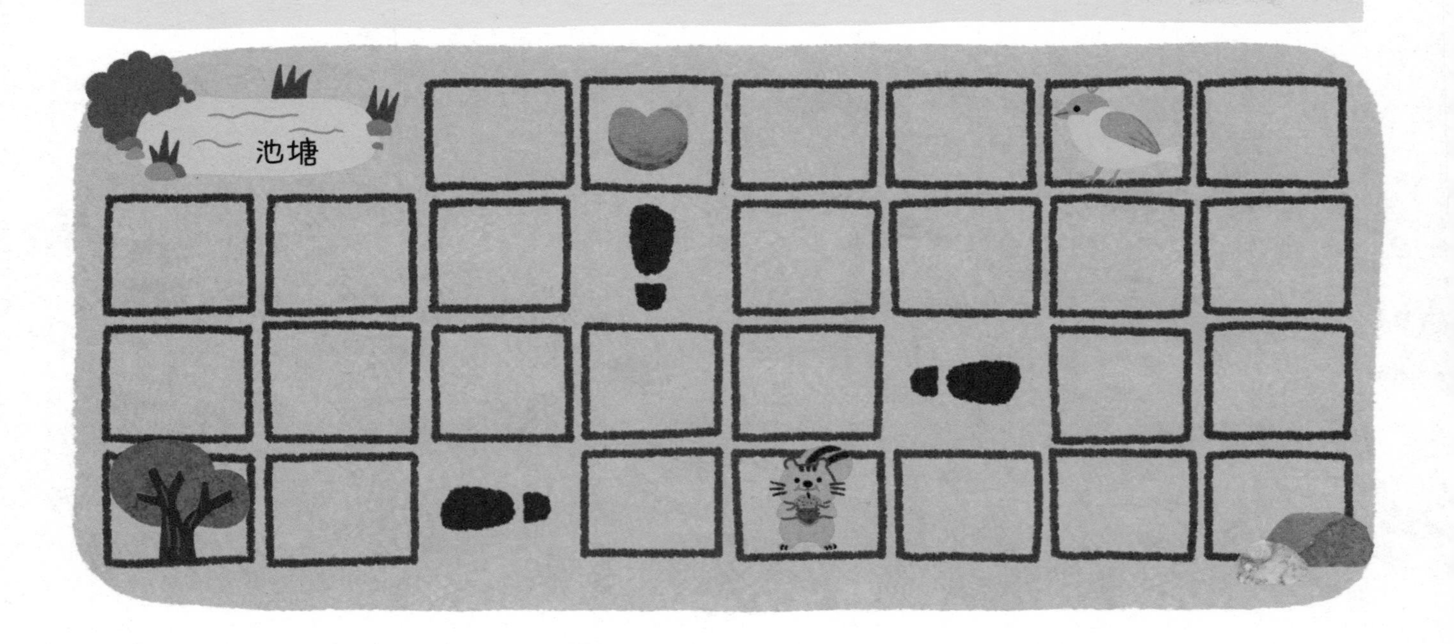

阿虎的零花钱

趣味小游戏 6

阿虎用零用钱买了几样东西后，还剩 6 元。看图填空，然后算出阿虎最开始一共有多少零用钱。

阿虎用零用钱买了一个 20 元的布娃娃。

然后买了一盆 15 元的仙人掌。

最后，买了一顶 35 元的帽子。

1. 阿虎在买帽子之前有多少零用钱？

剩下 6 元 + 35 元 = ____ 元

2. 阿虎在买仙人掌之前有多少零用钱？

____ 元 + 15 元 = ____ 元

3. 我们试着反向思考阿虎最开始有多少零用钱，并填空。

____ 元 —(-20 / +20)→ ____ 元 —(-15 / +15)→ ____ 元 —(-35 / +35)→ 6 元

最初的零用钱　　　　　　　　　　剩余的钱

参考答案

42~43 页

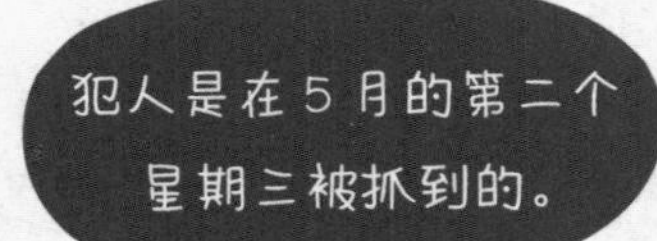

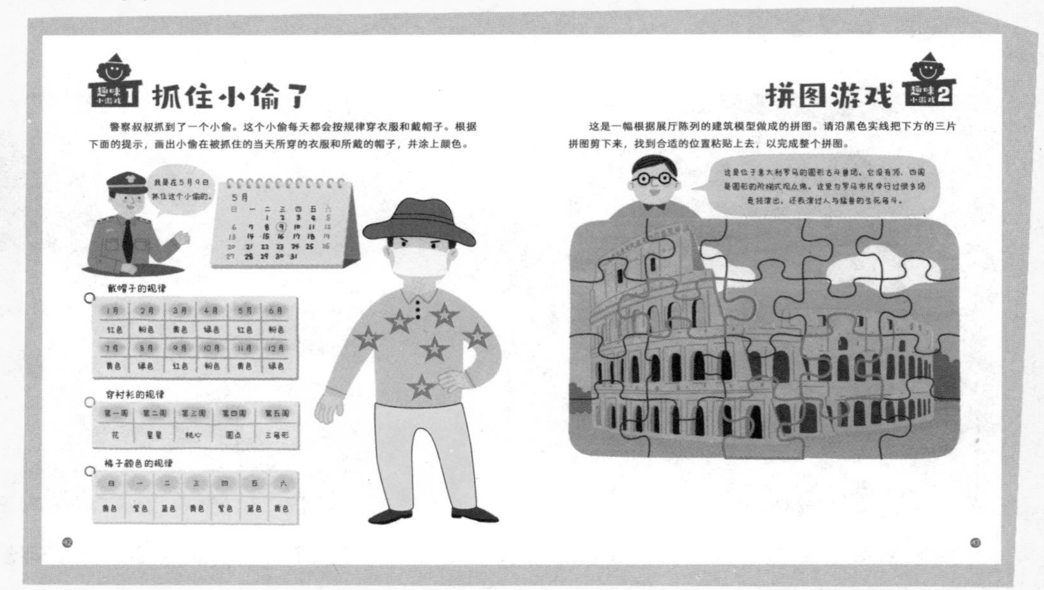

趣味小游戏1 抓住小偷了

警察叔叔抓到了一个小偷。这个小偷每天都会按规律穿衣服和戴帽子。根据下面的提示，画出小偷在被抓住的当天所穿的衣服和所戴的帽子，并涂上颜色。

日	一	二	三	四	五	六
		1	2	3	4	5
6	7	8	9	10	11	12
13	14	15	16	17	18	19
20	21	22	23	24	25	26
27	28	29	30	31		

戴帽子的规律

1月	2月	3月	4月	5月	6月
红色	粉色	黄色	绿色	红色	粉色
7月	8月	9月	10月	11月	12月
黄色	绿色	红色	粉色	黄色	绿色

穿衬衫的规律

第一周	第二周	第三周	第四周	第五周
花	星星	桃心	圆点	三角形

裤子颜色的规律

日	一	二	三	四	五	六
黄色	紫色	蓝色	黄色	紫色	蓝色	黄色

拼图游戏 趣味小游戏2

这是一幅根据展厅陈列的建筑模型做成的拼图。请沿黑色实线把下方的三片拼图剪下来，找到合适的位置粘贴上去，以完成整个拼图。

44~45 页

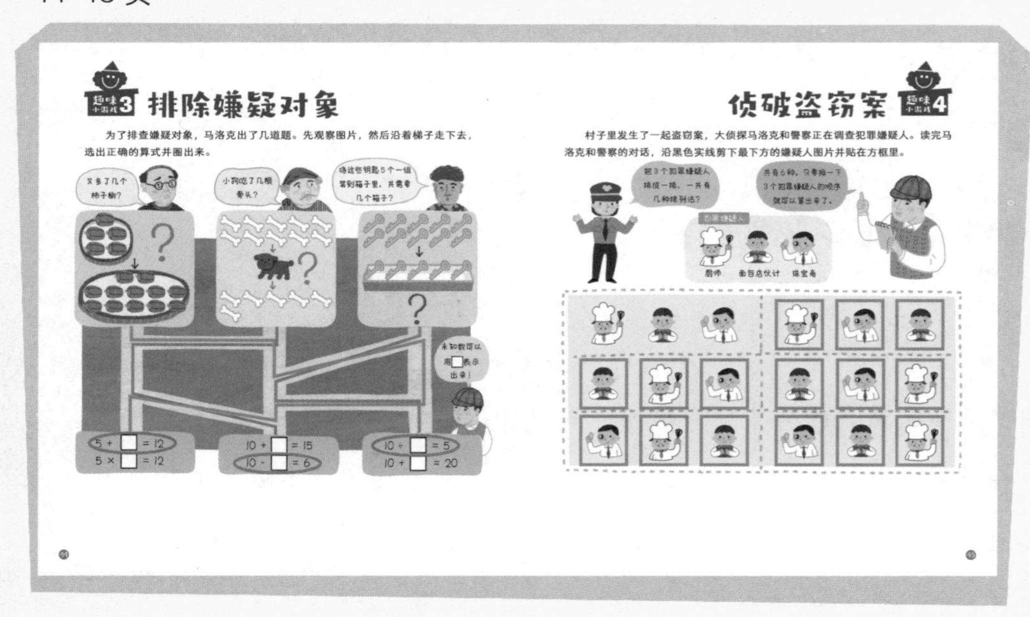

趣味小游戏3 排除嫌疑对象

为了排查嫌疑对象，马洛克出了几道题。先观察图片，然后沿着梯子走下去，选出正确的算式并圈出来。

侦破盗窃案 趣味小游戏4

村子里发生了一起盗窃案，大侦探马洛克和警察正在调查犯罪嫌疑人。读完马洛克和警察的对话，沿黑色实线剪下最下方的嫌疑人图片并贴在方框里。